司康&比司吉

日本超人氣名店A.R.I 的獨家配方大公開

MORIOKA ARI

出版菊

關於「司康與比司吉」

在「馬芬」與「餅乾」之後接著決定第三本寫「司康與比司吉」的原因是，對我來說這是最最熟悉的點心。

自幼就很喜歡製作點心。其中，當時稱為「scones司康」的「biscuits比司吉」與餅乾、蛋糕一樣對我來說都是常做的甜點。那是一種質地紮實，酥鬆帶粉狀口感的糕點。回憶起兒時所製作的點心不就正是現在的「biscuits比司吉」嗎！

將粉類、糖、鹽，泡打粉、與奶油放入缽盆中，用手混合成鬆鬆的粉狀後，加入雞蛋與牛奶，再用手揉捏。以圓形切模整形後放入烤箱烘烤。做法大致上還算簡單。而在我的認知裡，這樣的點心名稱從「scones 司康」變為「biscuits比司吉」，從我在紐約餐廳打工時，第一次遇見的香草比司吉開始。當時週末午餐時段提供給客人的藍子裡，裝著麵包或磅蛋糕般的點心、也有馬芬，以及這種比司吉，非常熱鬧豐富。

而「scones 司康」與「biscuits比司吉」最大的差異在於口感。明明使用相同的材料但卻有著「外酥脆內溼潤」口感的是「biscuits比司吉」。而這種口感上微妙的差異，希望傳達給各位，在這樣的想法下誕生了這本書。

不論是馬芬、餅乾或者是司康（比司吉），在材料上大同小異。奶油或軟或硬，以攪拌器拌入空氣讓材料變得蓬鬆，加入粉類材料變得鬆散。僅僅是攪拌的方法不同，就可以變化出點心的各種樣貌。

在無數次發現與經驗交疊的過程中，我創作了大量的司康（比司吉）食譜。想要某種口感的時候，將添加的水分改成牛奶、改成鮮奶油或是加入雞蛋，配方中連乳脂肪的含量都有所堅持，這與成品的口感有著關鍵性的影響。製作麵團時十分重要的工具就是：手。不要過度用力，將麵團從上往下折揉，利用掌心從下到上蓬鬆的壓摺。直到表面光滑為止，大約重複10次。食譜配方設計為便於操作的份量，所以請務必做足一次的分量。

我想您一定會體驗到與過往經驗中所熟知的司康（比司吉）截然不同的口感。首先請從原味牛奶比司吉開始。隨著頁數增加，司康（比司吉）也隨之進化。

期待各位也沈浸在製作司康（比司吉）的樂趣當中。如果能進而創造出屬於自己的原創司康（比司吉），那就是我莫大的幸福。

森岡 梨

關於材料與道具

司康（比司吉）有許多魅力，而在鄰近的超市裡
就可以簡單購得所需材料便是其中之一。
最簡單的配方只要有：
低筋麵粉、奶油、牛奶、細白砂糖、鹽、
泡打粉就可以了。
雖說在基本材料中加入水果或堅果、
甜味等，改變形狀與顏色，
就可以產生豐富的變化。
但是基本步驟終究還是最重要的。
充分混合粉類材料與奶油，加入水份揉麵。
美好的滋味就從這裡開始。

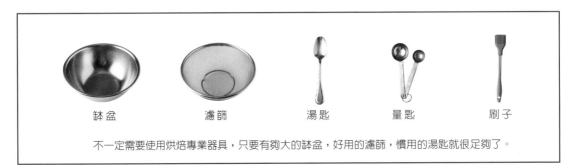

| 缽盆 | 濾篩 | 湯匙 | 量匙 | 刷子 |

不一定需要使用烘焙專業器具，只要有夠大的缽盆，好用的濾篩，慣用的湯匙就很足夠了。

編註：Biscuits 脆餅、音譯為比司吉，與 Scones 英式鬆餅、音譯為司康，均屬於快速麵包 quick breads 種類，以切拌奶油與麵粉，加入泡打粉膨鬆劑來製作麵團。稍有差異之處在於美式 Biscuits 通常是圓形，較清爽紮實，做為早餐或佐餐食用。英式 Scones 則有多種形狀：切成三角形、壓入圓型模、或圓餅狀...等；質感較蓬鬆，在英國搭配茶享用或做為甜點。本書配方囊括上述，譯文採國人較常使用的司康與比司吉，特此說明。

CONTENTS

dried fig & mixed pepper
biscuits
無花果乾與綜合胡椒粒
比司吉
P44

Asian pear crumble biscuits
梨子砂糖奶油酥粒點心
P50

PART 2　→

strawberry shortcake
style
奶油草莓蛋糕風司康
P54

dark cherry cakes
黑櫻桃蛋糕
P56

pizza style biscuits
披薩風比司吉
P58

yellow peach pot
biscuits
黃桃盅司康
P60

grapefruit biscuits cakes
葡萄柚蛋糕司康
P62

tomato & parmesan
cheese biscuits
番茄帕梅善起司比司吉
P64

apple biscuits
蘋果司康
P66

pumpkin biscuits
南瓜司康
P68

mushroom stew biscuits
野菇濃湯比司吉
P70

Xmas crumble biscuits
聖誕砂糖奶油酥粒司康
P72

chocolate chunk biscuits
巧克力塊司康
P74

caramel biscuits
焦糖司康
P76

・1大匙為15cc、1小匙為5cc
・使用L規格的雞蛋
・烤箱需要事先預熱。食譜標記時間為參考時間，依照烤箱
　種類與機種略有差異，請依照需要自行略事調整。
・本書中所標示的"粉類"，是指低筋麵粉、泡打粉、細白砂
　糖與粗鹽混合後的統稱。

PART 1
BISCUITS

牛奶‧雞蛋‧鮮奶油
添加這 3 種材料的
司康與比司吉

司康與比司吉麵團中的水份可以添加牛奶、雞蛋、鮮奶油。稍作微調風味與口感就會產生變化。接著要介紹不同材料所適合的各種配料與形狀。

STEP 1 ● 混合奶油與粉類

1　將過篩後的粉類與奶油放入缽盆中，將粉類撒在奶油上。

2　以指尖捏壓奶油與粉類混合。混合至奶油開始融化變黃色前停止。

STEP 2 ● 加入牛奶，以湯匙攪拌

3　一口氣加入牛奶，大動作轉動缽盆，湯匙沿著邊緣混合。

原味牛奶比司吉

添加在粉類中的水份只有牛奶，是最簡單最無負擔的麵團。迅速將粉類與奶油混合，加入牛奶後有節奏的揉捏整形。出爐時圓滾滾的形狀十分討人喜愛。

材料（6個份）

- 低筋麵粉　220g
- 泡打粉　3小匙
- 細白砂糖　1小匙
- 粗鹽　¼小匙

無鹽奶油　100g

牛奶　80cc

STEP 3　● 麵團混合均勻

4　材料混合成團之後，以單手一邊轉動缽盆，另外一手由下往上翻動向下壓的方式揉麵。

5　揉至麵團不黏手後，將缽盆內與底部所有的材料整形成團。

STEP 4　● 整型烘烤

6　將麵團分成六等份，個別揉成圓形。

7　預留間隔置於鋪有烘焙紙的烤盤上。

8　以刷子刷上牛奶（份量外）以180℃烤18分鐘烘烤至上色即可。

CHOCOLATE CHIP **BISCUITS**

巧克力豆比司吉

接下來要在原味比司吉中加入各種配料。
作法都相同,不過加入巧克力豆的時機是操作重點。

材料(6個份)

低筋麵粉 220g
泡打粉 3小匙
細白砂糖 1小匙
粗鹽 ¼小匙

無鹽奶油 100g
牛奶 80cc
烘焙用巧克力豆 50g

作法

1 製作與原味牛奶比司吉步驟1～4相同的麵團(請參考P10～11)。

2 以手揉麵約5次後,添加烘焙用巧克力豆,接著重複揉麵10次左右。

3 將麵團分成六等份,個別揉成圓形。

4 預留間隔置於鋪有烘焙紙的烤盤上。

5 以刷子刷上牛奶(份量外)以180℃烤18分鐘烘烤至上色即可。

♡ 烘焙用巧克力豆請在所有材料開始成團時添加。

核桃比司吉

材料（6個份）

低筋麵粉　220g

泡打粉　3小匙

細白砂糖　1小匙

粗鹽　¼小匙

無鹽奶油　100g

牛奶　80cc

核桃　50g

裝飾用核桃　6個

作法

1　製作與原味牛奶比司吉作法的步驟1～4相同的麵團（請參考P10～11）。

2　以手揉麵約5次後，以手剝碎核桃加入麵團中，接著重複揉麵10次左右。

3　將麵團分成六等份，個別揉成圓形。

4　預留間隔置於鋪有烘焙紙的烤盤上。

5　以刷子刷上牛奶（份量外），在每個麵團上飾以一個裝飾用核桃。

6　以180℃烤18分鐘烘烤至上色即可。

♡　以刀切碎核桃容易出油，所以請以手剝碎。

細香蔥芝麻比司吉

材料（白芝麻3個 黑芝麻4個）

低筋麵粉　220g

泡打粉　3小匙

細白砂糖　1小匙

粗鹽　¼小匙

黑胡椒　¼小匙

無鹽奶油　100g

牛奶　80cc

細香蔥　15g

黑白芝麻　各20g

作法

1　細香蔥切碎。

2　將粉類材料＆黑胡椒放入缽盆中，以手指捏壓奶油與粉類材料混合均勻。

3　細香蔥均勻的與材料混合後，參考原味牛奶比司吉步驟1～5作出相同的麵團（參考P10～11）。

4　將麵團等分為2份後，每一份再分為3份（白芝麻麵團），另一份等分為4份（黑芝麻麵團），整形。

5　將黑白芝麻分別攤平在平坦的容器上，以麵團個別沾裹芝麻。

6　預留間隔置於鋪有烘焙紙的烤盤上。

7　以180℃烤18分鐘烘烤至上色即可。

核桃比司吉

核桃豐富了香氣與口感。添加在麵團中的核桃不要切得過細。
在最上方裝飾一整粒核桃。

WALNUT BISCUITS

細香蔥芝麻比司吉

切碎的細香蔥富含濃郁的香氣。除了芝麻以外亦可使用
綜合燕麥穀片（Granola）替代，美味更加分。

CHIVES & SESAME BISCUITS

BLUEBERRY **BISCUITS**

藍莓司康

材料（直徑18cm 1個份）

低筋麵粉　200g

泡打粉　3小匙

紅糖　30g

粗鹽　¼小匙

無鹽奶油　80g

牛奶　80cc

藍莓（小粒、冷凍）50g

粗粒玉米粉（cornmeal）　適量

香草糖　15g

直接添加冷凍藍莓。在混合的過程中會有水份產生，請儘速操作。（圖為使用新鮮藍莓）

作法

1　製作與原味牛奶比司吉步驟1~4相同的麵團（請參考P10~11）。

2　麵團開始成團後加入藍莓，儘快混合均勻後整形成團。

3　在鋪有烘焙紙的烤盤上均勻撒上粗粒玉米粉，將麵團至於其上，以手將麵團攤平至厚度約4~5cm。

4　以刀子於麵團上切出呈放射狀的8等份線條。

5　以刷子刷上牛奶（份量外），整體均勻的撒上香草糖。

6　烤箱以180℃烤25分鐘，烘烤至上色即可。冷凍的藍莓加熱時間較長，請參考中心狀態稍作調整。

♡　需延長烘烤時間時，請視情況降溫10℃續烤5分鐘。如果不降溫烘烤，容易造成外表上色過深，熱度無法傳達到內部。

香草糖的作法

將香草豆莢縱切剖開，刮出香草籽，連同豆莢混合100g的細白砂糖後裝瓶，靜置一週。除去香草籽的豆莢依然富有香氣，時常添加新豆莢作為常備品保存，十分方便。

藍莓司康
酸甜的藍莓與香草糖爽脆的口感是最佳拍檔，新鮮果實容易破損，
推薦使用冷凍的藍莓。

切達起司比司吉

材料（直徑18cm 1個份）

- 低筋麵粉　200g
- 泡打粉　3小匙
- 細白砂糖　1大匙
- 粗鹽　¼小匙

無鹽奶油　80g

牛奶　80cc

切達起司　50g

辣椒粉　適量

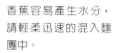

香蕉容易產生水分，
請輕柔迅速的混入麵
團中。

作法

1　磨碎切達起司。

2　製作與原味牛奶比司吉步驟相同的麵團（請參考P10），充分混合粉類材料。

3　加入磨好的切達起司以湯匙攪拌均勻後，將牛奶一口氣全部加入材料中，湯匙沿著缽盆邊緣大動作的攪拌。麵團開始成團後，以手心由下往上翻動的方式揉麵約10次。

4　揉至麵團不黏手後，將缽盆內與底部所有的材料

整形成團。移出盆外以手將麵團攤平至厚度約5~6cm。

5　將麵團置於鋪有烘焙紙的烤盤，以刀子於麵團上切出呈放射狀的8等份線條。

6　以刷子刷上牛奶（份量外），整體均勻的撒上辣椒粉。

7　以180℃烤25分鐘烘烤至上色即可。

香蕉司康

材料（直徑18cm 1個份）

- 低筋麵粉　200g
- 泡打粉　3小匙
- 紅糖　30g
- 粗鹽　¼小匙

無鹽奶油　80g

牛奶　80cc

小香蕉　5根（135g）

香草糖　15g

作法

1　製作與原味牛奶比司吉步驟1～4相同的麵團（請參考P10～11）。

2　麵團開始成團後，加入去皮以手剝成小塊的香蕉塊。

3　將缽盆內與底部所有的材料整形成團。移出盆外以手將麵團攤平至厚度約4～5cm。

4　將麵團置於鋪有烘焙紙的烤盤，以刀子於麵團上切出呈放射狀的8等份線條。

5　以刷子刷上牛奶（份量外），整體均勻的撒上香草糖。

6　烤箱以180℃烤28分鐘，烘烤至上色即可。

♡　香蕉容易產生水份，請輕柔迅速的混入麵團中。

切達起司比司吉
深受不喜甜食者好評的切達起司比司吉。以現磨起司的香氣
豐富辣椒粉的辛辣感。

CHEDDAR CHEESE **BISCUITS**

香蕉司康
香甜滑順的香蕉，水份增加較不易操作，請挑選熟度適當不過熟的香蕉，
這是一款分量十足的司康。

MONKEY BANANA **BISCUITS**

COFFEE **BISCUITS**

咖啡司康

雖是使用即溶咖啡卻有令人驚艷的風味與苦味，是一款屬於成熟風味的司康。此外還搭配了咖啡口味的糖霜。

材料（6個份）

低筋麵粉　220g

泡打粉　3小匙

細白砂糖　1小匙

粗鹽　¼小匙

即溶咖啡粉　2大匙

無鹽奶油　100g

牛奶　80cc

摩卡糖霜

糖粉　100g

水　3小匙

香草油　1小匙

即溶咖啡　1小匙

咖啡酒　½小匙

糖霜的作法

添加司康口感與甜味的糖霜。將所有材料充分混合至垂下時成緞帶般的濃稠度，使用刷子或是湯匙塗抹在表面。由於做好的糖霜時間久了會變硬，使用沾溼的湯匙充分攪拌後再行使用。

作法

1　將粉類材料與即溶咖啡粉混合後過篩一次放入鉢盆中。

2　與原味牛奶比司吉相同作法，製作麵團烘烤成品（請參考 P10~11）。

3　製作摩卡糖霜。將所有材料混合至顏色均勻為止。

4　烤好的司康靜置完全冷卻後，以3塗抹在表面。

4

糖霜放久了會變硬，所以使用前再做。靜待司康完全涼透後塗抹。

column_1

在美國當地是取代早餐麵包的主食！
很迅速就可以做好，
輕鬆愉快的早餐！

★

前往美國學習糕點製作的時候，認識了很多點心，做了很多也吃了很多。雖然在傳播發達的時代裡，已經很難得會看見完全不認識的稀有糕點種類，但是類似的點心與日本的仍有些許的不同。司康與比司吉就是其中之一。

我停留NY的這段期間，常在電影等畫面中看到，上班族早晨上班途中購買甜甜圈當早餐。與這相同也很常被當地人作為早餐的就是比司吉biscuits。材料與作法雖然與英式的司康scones相似，吃法卻不相同。相較於與紅茶一起品嚐享受優雅的樂趣，不如說吃法更接近「主食」，這就是美式的比司吉biscuits。

在我所經營的糕餅店「A.R.I」，開幕至今5年裡，提供了甜的馬芬與不甜的比司吉。讓有點餓或是不愛吃甜食的客人也能輕鬆享受「正餐用的比司吉」。這是種能充份享受麵粉香氣的糕餅。

只要先把材料計量好...

做太多吃不完的司康與比司吉，可以透過冷凍保存起來。當你熟練了作法之後，請盡情享受現烤現吃的樂趣。晚上有閒暇的時候，把粉類、奶油材料計量好事先準備起來，置於冷藏室中。隔天一早只要混合材料整型，在等待咖啡煮好的這段18分鐘裡，就可以烤好出爐了。

隨著每天早晨司康與比司吉製作的習慣養成，到了現在就算是睡眠惺忪，粉類與水的比例、混合方法、揉麵、成型也都很自然的成為身體反射動作的一部分。讓我最開心的是，隨著季節室溫而改變的奶油狀態，現在對我來說也能簡單應對，烤出美味的成品。

我的早餐幾乎都像這樣。取代烤土司或可頌的是烤好的比司吉，搭配湯與沙拉…。而在想吃點甜食的早上，我會在司康裡面加點香蕉或堅果，再來一杯加了好多牛奶的拿鐵。原味的比司吉從側面切開，夾上火腿起司也是我很喜歡的吃法。比司吉並不是在特別的日子才製作的點心，而是每日餐桌上給予滿滿元氣的食物，最適合替新的一天拉開序幕。

添加在粉類材料中的水份，使用牛奶加上雞蛋有升級的效果。組織的蓬鬆與鬆脆感
會比僅添加牛奶的效果還要好。與其他各種添加料的搭配性也很高，更加享受司康
與比司吉本身的好滋味。而成就司康與比司吉最大魅力所在，外香鬆內軟的口感，
外形也很重要。將麵團自缽盆中取出，以掌心確實揉捏，以圓形模具成型。本書後
半也會介紹添加酸奶油，別具風味與口感的配方。

原味雞蛋司康

材料（6個份）
  ┌ 低筋麵粉　220g
  │ 泡打粉　3小匙
  │ 細白砂糖　30g
  └ 粗鹽　¼ 小匙
無鹽奶油　100g
雞蛋　1個
牛奶　適量
（雞蛋與牛奶混合後為80cc）

STEP 1 ● 混合粉類與奶油

1　雞蛋與牛奶充分攪拌均勻。以打蛋器攪拌會讓奶蛋液蓬鬆，在這裡我們僅需攪拌均勻即可。

2　將過篩後的粉類與奶油放入缽盆中，混合均勻。

3　以指尖將材料混合至結塊消失，粉類材料鬆散的狀態為止。

STEP 2 ● 加入水份（雞蛋＋牛奶）

4　一口氣加入**1**，湯匙沿著缽盆大動作的攪拌。攪拌至材料大致成團，視需要蘸上些許手粉（份量外）揉捏至麵團混合均勻。

STEP 3 ● 揉麵

5 將麵團移至撒有手粉的桌面上，將麵團以折疊的方式揉至表面平滑。

STEP 4 ● 壓模成型

6 麵團產生彈性後，整形成厚度約2cm的扁圓形，以蘸過手粉的模型切割。

7 將切剩的麵團略為揉整後再以模型（直徑6cm）切割。最後剩下的麵團揉成小的圓形。

8 拿取時以手拿住上下兩端，整齊排放在烤盤上。不碰觸側面是為了受熱時順利膨脹。

STEP 5 ● 置於烤盤上烘烤

9 為了防止烘烤時麵團傾倒，以手略略輕壓。

10 以刷子塗上牛奶（份量外）

11 以180℃的烤箱，烘烤18分鐘至上色。

PARMESAN CHEESE BISCUITS

帕梅善起司比司吉

材料（6個份）

- 低筋麵粉　220g
- 泡打粉　3小匙
- 細白砂糖　30g
- 粗鹽　¼小匙

帕梅善起司　60g

無鹽奶油　100g

雞蛋　1個

牛奶　適量

（雞蛋與牛奶混合後為80cc）

裝飾用帕梅善起司　適量

作法

1　將粉類材料、奶油放入缽盆中。

2　以原味雞蛋司康相同作法製作同樣的麵團。（參考P25～26）。

3　塗上牛奶（份量外）上方飾以裝飾用帕梅善起司。

4　以180℃的烤箱，烘烤18分鐘至上色。

♡　最初於粉類材料中加入帕梅善起司混合均勻後，其餘作法與原味雞蛋司康相同。

不論是麵團或裝飾均使用帕梅善起司。裝飾於表面大量的帕梅善起司，
為成品帶來濃郁的香氣。

地瓜司康

材料（6個份）

低筋麵粉　220g

泡打粉　3小匙

紅糖　30g

粗鹽　¼小匙

無鹽奶油　100g

雞蛋　1個

牛奶　適量

（雞蛋與牛奶混合後為80cc）

地瓜　大1根（重量為150g）

作法

1　地瓜連皮用鋁箔紙包裹後以170℃烤1個小時，去皮後切成2cm丁狀，放涼備用。

2　製作與原味雞蛋司康步驟1～4相同的麵團（請參考P25）。

3　麵團成團後加入1以手折疊揉麵，移至桌面揉合。

4　麵團產生彈性後，整形成厚度約2cm的扁圓形，以蘸過手粉的模型切割。

5　拿取時避免碰到側面以手拿住上下兩端，預留距離整齊排放在鋪有烘焙紙的烤盤上。以刷子塗上牛奶（份量外）。

6　以180℃的烤箱，烘烤18分鐘至上色。

♡　地瓜鬆軟容易碎，混合麵團時避免過度揉捏。

1

甜玉米粒司康

材料（6個份）

低筋麵粉　150g

泡打粉　3小匙

細白砂糖　1大匙

粗鹽　¼小匙

粗粒玉米粉（cornmeal）70g

無鹽奶油　60g

雞蛋　1個

牛奶　適量

（雞蛋與牛奶混合後為80cc）

甜玉米粒（罐頭亦可）淨重65g

裝飾用粗粒玉米粉　適量

作法

1　將生的玉米以刀子切下玉米粒。

2　製作與原味雞蛋司康步驟1～4相同的麵團（請參考P25）。

3　麵團成團後加入1以手揉麵，移至桌面揉麵。

4　麵團產生彈性後，整形成厚度約2.5cm的扁圓形，以蘸過手粉的星型模型切割。

5　拿取時避免碰到側面以手拿住上下兩端，預留距離整齊排放在鋪有烘焙紙的烤盤上。

6　以刷子塗上牛奶。（份量外）撒上裝飾用的粗粒玉米粉。

7　以180℃的烤箱，烘烤18分鐘至上色。

♡　如果使用玉米粒罐頭，請確實瀝乾水份後使用。

♡　以模型切剩的麵團，可揉成小圓形烘烤。

地瓜司康
加入切成大塊的地瓜,在司康中享受地瓜鬆軟的口感。
當做點心或是正餐都很棒。

SWEET POTATO **BISCUITS**

甜玉米粒司康
如果沒有新鮮的玉米粒,使用罐頭也OK。甜玉米粒的大顆粒與粗粒
玉米粉小顆粒的口感互相輝映,充滿樂趣口感的一款司康。

CORN GRITS **BISCUITS**

SOUR CREAM & RAISIN (cranberry) **BISCUITS**

酸奶油
葡萄乾（蔓越莓）司康

材料（8個份）

- 低筋麵粉　220g
- 泡打粉　3小匙
- 細白砂糖　30g
- 粗鹽　¼小匙
- 無鹽奶油　100g
- 雞蛋　1個
- 酸奶油　40g
- 牛奶　1小匙
- 葡萄乾（或蔓越莓乾）30g
- 香草糖　20g

關於酸奶油 sour cream

以鮮奶油混和乳酸菌發酵而成的酸奶油，濃郁之中帶有輕微酸味為其特徵。相較於鮮奶油脂肪較少，所以清爽的口感與果乾十分對味。

作法

1　將酸奶油、雞蛋、牛奶置於小缽盆中充分攪拌均勻

2　製作與原味雞蛋司康步驟1～3相同的麵團（請參考P25）。

3　加入1麵團開始成團後，放入葡萄乾（或蔓越莓乾）視需要蘸上些許手粉（份量外）揉捏至麵團混合均勻。

4　將麵團移至撒有手粉的桌面上，繼續揉麵。

5　麵團產生彈性後，整形成厚度約12×18cm的長方形，以刀子等份為4份後再斜切成為8個三角形。

6　預留間隔整齊排放在鋪有烘焙紙的烤盤上。

7　以刷子塗上牛奶（份量外），撒上香草糖。

8　以180°C的烤箱，烘烤18分鐘至上色。

5

有兩個長邊的細長三角形，可享受尖角與外緣酥脆的口感。切割時以刀刃貼近表面後俐落的向下壓切。

酸奶油葡萄乾（蔓越莓）司康

嘗試在果乾中加入酸奶油。

口感酥脆清爽的組織與三角造型，是一款非常推薦的司康。

培根洋蔥比司吉

材料（7個份）

- 低筋麵粉　220g
- 泡打粉　3小匙
- 細白砂糖　1大匙
- 粗鹽　¼小匙

無鹽奶油　100g

- 酸奶油　40g
- 雞蛋　1個
- 牛奶　1小匙

洋蔥　50g

培根（厚片）　60g

沙拉油　1小匙

芥末籽醬　2大匙

作法

1. 以沙拉油熱平底鍋後，加入切成1cm丁狀的洋蔥與培根拌炒，炒至洋蔥軟化後起鍋放涼備用。
2. 製作與原味雞蛋司康步驟1～3相同的麵團（請參考P25），加入酸奶油、雞蛋、牛奶混合液後繼續混合均勻。
3. 加入1後以手揉麵。
4. 將麵團移至撒有手粉的桌面上，繼續揉麵。麵團產生彈性後，整形成厚度約14×21cm的長方形，以菜刀等份為7份、幅寬約為3cm的條狀司康。
5. 預留間隔整齊排放在鋪有烘焙紙的烤盤上。
6. 將芥末籽醬與牛奶（份量外）混合均勻後，以刷子塗上。
7. 以180℃的烤箱，烘烤18分鐘至上色。

6

杏桃乾與杏仁片司康

材料（直徑18cm1個份）

- 低筋麵粉　220g
- 泡打粉　3小匙
- 細白砂糖　30g
- 粗鹽　¼小匙

無鹽奶油　100g

- 酸奶油　40g
- 雞蛋　1個
- 牛奶　1小匙

杏桃乾　80g

杏仁片　60g

香草糖　適量

裝飾用杏仁片　20g

作法

1. 將杏桃乾切成一口大小。酸奶油、雞蛋、牛奶混合均勻。
2. 製作與原味雞蛋司康步驟1～3相同的麵團（請參考P25），加入酸奶油、雞蛋、牛奶混合液後繼續混合均勻。
3. 麵團成團後加入1，麵團開始成團後加入杏桃乾與杏仁片後揉捏至麵團混合均勻。
4. 將麵團移至撒有手粉的桌面上，揉至成團後整形成厚度4～5cm的扁圓形。
5. 將麵團移至鋪有烘焙紙的烤盤上，以刀子切出8等份的放射狀切痕。
6. 以刷子塗上牛奶（份量外），撒上裝飾用的杏仁片與香草糖。
7. 以180℃的烤箱，烘烤25分鐘至上色。

6

塗上牛奶後先撒上杏仁片，最後再撒上香草糖，這樣杏仁片就會被固定在表面不易脫落。

培根洋蔥比司吉
在培根與洋蔥這個黃金組合上再加上一點芥末籽醬豐富變化。
切成方便取食的長條狀，是一款不論搭配紅酒或當作宵夜點心都非常棒的比司吉。

BACON & ONION **BISCUITS**

杏桃乾與杏仁片司康
又脆又鬆。司康特有的口感與杏桃十分合拍。
加上大量的香草糖與杏仁片的香氣更是讓人欲罷不能。

DRIED APRICOT & SLICE ALMOND **BISCUITS**

column_2

圓形、三角、愛心與六角形
用各種形狀的模型製作，替美味加分

★

司康不一定要用手揉捏成圓形的，也可以使用模具或刀子切割。

使用模型切割除了美觀以外還有其他的用意。波浪狀或是有著尖角的三角形，

這些容易烤出酥脆口感的突出部分一多，司康的口感也會變得酥脆。

使用各種模型切割，不僅賞心悅目美味也加倍，更適合做成禮物。

整體味道變得更濃郁，添加了鮮奶油讓美味提升的配方。
夾上火腿起司等材料一起享用，是最適合佐餐的比司吉。
在麵團裡揉入香草或萊姆、橄欖、辣椒等增添香氣的素材也很合適。
使用鮮奶油的麵團中加入雞蛋，口感會更接近蛋糕一些。活用當季食材做搭配，
或是花點巧思，變化成派對糕點等都很棒。

原味鮮奶油司康

材料（6個份）

- 低筋麵粉　220g
- 泡打粉　3小匙
- 細白砂糖　30g
- 粗鹽　¼小匙

無鹽奶油　100g

乳脂肪35%鮮奶油　100cc

STEP 1 ● 混合粉類與奶油

1　將粉類與奶油放入缽盆中。

2　以指尖將材料混合至結塊消失，粉類材料鬆散的狀態為止。

3　將鮮奶油一口氣加入材料中。

STEP 2 ● 加入水份以湯匙攪拌

4　湯匙沿著缽盆大動作的攪拌。

5　攪拌至材料大致成團，以手揉捏至麵團混合均勻。

6　以手將沾黏在缽盆內所有的材料整形成團。

STEP3 ● 揉麵

7 揉至這樣的狀態後，將麵團移至撒有手粉的桌面上，將麵團以折疊的方式揉至表面平滑。

STEP4 ● 切割烘烤

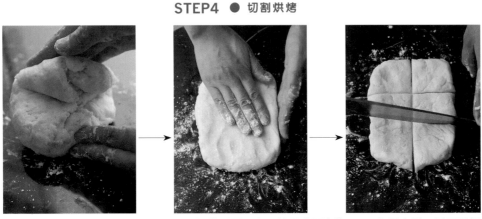

8 以雙手壓平表面整形成厚度約 2cm 的長方形，以刀子切成 6 等份。

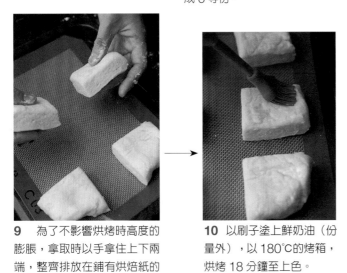

9 為了不影響烘烤時高度的膨脹，拿取時以手拿住上下兩端，整齊排放在鋪有烘焙紙的烤盤上。

10 以刷子塗上鮮奶油（份量外），以 180℃的烤箱，烘烤 18 分鐘至上色。

★避免觸碰到麵團切面的原因是，碰觸麵團切面會影響烘烤時的膨脹，無法烤出理想的高度。

SLICED CHEESE **BISCUITS**

起司片司康

材料（6個份）

- 低筋麵粉　220g
- 泡打粉　3小匙
- 細白砂糖　30g
- 粗鹽　¼小匙

無鹽奶油　100g

乳脂肪35%鮮奶油　100cc

起司片　6片

作法

1　製作與鮮奶油司康相同的麵團（請參考P37～38）。

2　以180℃的烤箱，烘烤16分鐘後取出。重疊鋪上切成兩半的起司片兩片，再繼續烤2分鐘。

2

烘烤途中從烤箱取出司康鋪上起司片時，請小心烤盤高溫。

添加了鮮奶油的司康上，重疊鋪上兩片起司是製作時的重點。
出爐後趁融化起司尚未硬化前熱熱的享用。

BLACK OLIVE & ANCHOVY
BISCUITS
黑橄欖鯷魚比司吉

材料（6個份）

低筋麵粉　220g
泡打粉　3小匙
細白砂糖　30g
粗鹽　¼小匙

黑胡椒　¼小匙

無鹽奶油　100g

乳脂肪35％鮮奶油　100cc

黑橄欖（去籽表面沒有鹽分的）　30g

鯷魚　2小片

作法

1　將粉類材料與黑胡椒、奶油放入缽盆中，以指尖將奶油與粉類材料混合均勻，至大塊的結塊消失。

2　將黑橄欖剝成小塊放入材料中，加入鮮奶油混合均勻後，以手揉麵成團，再移至撒上手粉（份量外）的桌面上繼續揉麵。（請參考P38的STEP 3）。

3　將麵團整形成厚度約2cm的扁圓形，以蘸過手粉的模型切割。將切剩的麵團略事揉整後再以模型切割。將最後切剩下的小塊麵團黏在切好的麵團上後翻面。

4　拿取時避免碰觸到側面，以手拿住上下兩端，整齊排放在鋪有烘焙紙的烤盤上，以手指從上方輕壓。

5　以刷子塗上鮮奶油（份量外），擺上剝成小片的鯷魚。

6　以180℃的烤箱，烘烤18分鐘至上色。

♥　切剩的最後一點麵團的邊，黏在切好的司康上後翻面，就不會浪費材料。

黑橄欖鯷魚比司吉

令人上癮的鹹香鯷魚，最適合當作正餐用的比司吉。
不論是黑橄欖或是鯷魚，都以手剝碎使用，豪邁的做做看吧。

HERB BISCUITS

香草比司吉

除了成為味道基礎的平葉巴西利與蒔蘿以外，也可以加入喜歡的香草。這一次加了青紫蘇與青蔥，增添了些許"和風"的元素。

材料（6個份）

- 低筋麵粉　220g
- 泡打粉　3小匙
- 細白砂糖　30g
- 粗鹽　¼小匙

無鹽奶油　100g

乳脂肪35%鮮奶油　100cc

- 蒔蘿　4g
- 青紫蘇　5片
- 平葉巴西利　5g
- 青蔥　5根

裝飾用香草　適量

作法

1　將外形較好的香草留一些起來作為裝飾用，以冷水浸泡使其鮮脆。有梗的香草僅取其葉使用，混合4種一同切碎。

2　將粉類材料與1略事混合後，參照原味鮮奶油司康作法的步驟1～7操作（請參照P37）。

3　麵團成團後整形成厚度約2cm的扁圓形，以蘸過手粉的模型切割。

4　將切剩的麵團略事揉整後再以模型切割。將最後切剩下的小塊麵團黏在切好的麵團上後翻面。

5　拿取時避免碰觸到側面以手拿住上下兩端，整齊排放在鋪有烘焙紙的烤盤上，以手指從上方輕壓。

6　以刷子塗上鮮奶油（份量外），飾以外形漂亮的香草。

7　以180℃的烤箱，烘烤18分鐘至上色。

♡　讓粉類材料均勻地黏附香草的香氣，一邊輕輕攪拌一邊與奶油混合均勻。

1

無須將香草各別切碎後再混合，而是一起切碎。一起切碎香味較易融合。請注意切太細容易產生苦味。

6

香草比司吉

從揉和麵團開始，就充滿濃郁香草芬芳，風味豐富的比司吉。
加入了青紫蘇與青蔥等和風的香草，適合作為正餐享用。

萊姆司康

材料（6個份）

- 低筋麵粉　220g
- 泡打粉　3小匙
- 細白砂糖　30g
- 粗鹽　¼小匙

無鹽奶油　100g

乳脂肪35%鮮奶油　100cc

萊姆　中型1個

糖粉　適量

作法

1　切下裝飾用萊姆薄片6片。剩下的部分先取皮屑後榨出果汁過濾，取1大匙。

2　粉類材料與萊姆皮屑混合後，以指尖與奶油混合至粉類材料鬆散的狀態為止。

3　加入鮮奶油與1中的果汁混合液，以手攪拌。

4　麵團成團後整形成厚度約2cm的扁圓形，以蘸過手粉的模型切割。

5　將切剩的麵團略事揉整後再以模型切割。將最後切剩下的小塊麵團黏在切好的麵團上後翻面。

6　拿取時避免碰觸到側面以手拿住上下兩端，整齊排放在鋪有烘焙紙的烤盤上，以手指從上方輕壓。

7　以刷子塗上鮮奶油（份量外），飾以切成薄片的萊姆並撒上糖粉。（避免萊姆烤乾）。

8　以180℃的烤箱，烘烤18分鐘至上色。

♡　請注意裝飾用的萊姆片若厚度過厚，中心較難烤透。

♡　為了避免萊姆汁與鮮奶油分離，請在要添加前再混合。

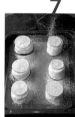

無花果乾與綜合胡椒粒比司吉

材料（6個份）

- 低筋麵粉　220g
- 泡打粉　3小匙
- 細白砂糖　30g
- 粗鹽　¼小匙

黑胡椒　¼小匙

無鹽奶油　100g

酸奶油　25g

乳脂肪35%鮮奶油　適量

（與酸奶油混合後共計100cc）

無花果乾　50g

彩色胡椒粒　適量

作法

1　將無花果乾切成1cm大小丁狀。彩色胡椒粒裝入塑膠袋中以擀麵棍粗略搗碎。

2　將粉類材料與黑胡椒略事混合後，以指尖與奶油混合至粉類材料鬆散的狀態為止。（請參照P37中STEP 1）。

3　加入酸奶油與鮮奶油的混合液後混合均勻。

4　加入步驟1中的無花果乾後揉合。（請參照P37中STEP 2）。

5　麵團成團後以手捏整成6小圓塊。

6　預留間隔整齊排放在鋪有烘焙紙的烤盤上，以手指從上方輕壓。

7　以刷子塗上鮮奶油（份量外），撒上步驟1的彩色胡椒碎。

8　以180℃的烤箱，烘烤18分鐘至上色。

萊姆司康
將素材之一的萊姆切成薄片，裝飾於上方。
或許外皮會有點硬、味道會有點苦，但是卻好喜歡這樣的感覺。

LIME **BISCUITS**

無花果乾與綜合胡椒粒比司吉
無花果的英文為「**Figs**」。以無花果與胡椒這樣性格迥異的組合，
創造出絕妙的甜香與刺激辛辣的比司吉。

DRIED FIG & MIXED PEPPER **BISCUITS**

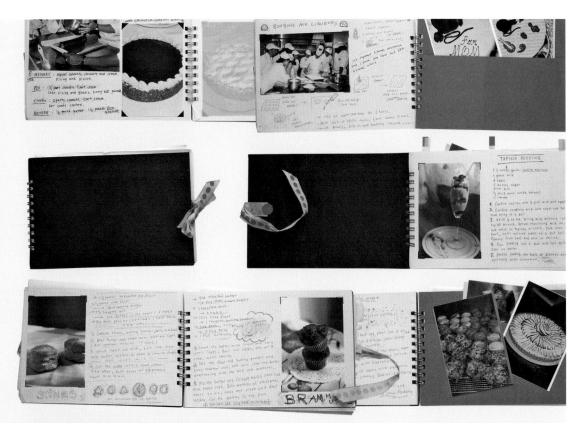

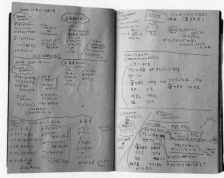

column_3　我的食譜筆記

從小我就喜歡翻閱食譜。從自己開始有能力做點心起，就習慣將成品拍照，整理成食譜。米色紙張的至少有十年以上的歷程，也是我最初的食譜筆記。

在NY留學期間，學校上課後的復習，在光線良好的地方拍攝照片，與食譜相同的寫下配方作法，並在其中妝點上插畫。也貼了上課時的風景以及與同學的合影，兩冊厚的筆記裡不僅是食譜，也收藏了許多回憶。現在所使用的黑色筆記本，直接就放在店裡。在工作閒暇的空檔中抄抄寫寫，或是直接將筆記用的便條貼上。感覺如同訴說著忙碌的每一天。

簡單！便利！
讓司康與比司吉變化更豐富的砂糖奶油酥粒
（砂糖奶油酥粒版）

材料（原味）

砂糖奶油酥粒的作法與司康（比司吉）其實很接近。只要使用指尖將奶油與其他材料混合（要領和司康與比司吉相同，而且更簡單）就可以做好。所以我非常想介紹給大家。

將酥脆的砂糖奶油酥粒與司康（比司吉）結合，不論是放在上方或是混入其中，都會增加美味與口感，變化豐富的程度令人驚艷。

低筋麵粉　50g

杏仁粉　25g

細白砂糖　50g

無鹽奶油　50g

做法

將低筋麵粉、杏仁粉、細白砂糖混合均勻後，加入切成 **2cm** 丁狀的奶油，以指尖壓捏，使其與粉類混合至大塊結塊消失。

  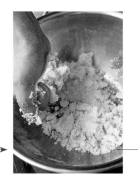 

保存方法

砂糖奶油酥粒作為配料時，請務必使用冷藏過的。將一次做好的砂糖奶油酥粒以冷藏保存十分方便。也可以裝入夾鍊密封袋中保存。

可可砂糖奶油酥粒

低筋麵粉　50g	無鹽奶油　50g
杏仁粉　25g	乳脂肪35%鮮奶油
細白砂糖　50g	2小匙
可可粉　1大匙	

將原味砂糖奶油酥粒的材料中添加了可可粉，由於質地會變得較硬，所以加入了鮮奶油，用於巧克力司康中（P74），增加濃郁的風味。

原味砂糖奶油酥粒

沒有獨特風味的原味砂糖奶油酥粒十分適合搭配水果，使用範圍廣泛。在本書用於梨子砂糖奶油酥粒點心（P50），與黑櫻桃蛋糕（P56）之中。

香料砂糖奶油酥粒

低筋麵粉　50g	肉桂粉　1小匙
杏仁粉　25g	薑粉　1小匙
細白砂糖　50g	無鹽奶油　50g

充滿肉桂與薑味的香料風味砂糖奶油酥粒。不僅可以當做配料，在聖誕砂糖奶油酥粒司康（P72）的配方，也混合在麵團裡。

帕梅善起司砂糖奶油酥粒

低筋麵粉　50g	帕梅善起司粉　25g
杏仁粉　25g	無鹽奶油　50g
細白砂糖　50g	

僅需配上蔬菜烘烤就十分美味的起司砂糖奶油酥粒，作為南瓜司康（P68）的配料。在原味的配方中加入大量的帕梅善起司粉。

ASIAN PEAR CRUMBLE
BISCUITS

（砂糖奶油酥粒應用篇）
梨子砂糖奶油酥粒點心

使用西洋梨為素材的點心很多，我卻很想用與自己名字相同的日本梨做成「甜點」。水嫩多汁的梨子與砂糖奶油酥粒非常搭。

材料

梨　大的2個

無鹽奶油　10g

細白砂糖　2大匙

蘭姆酒　2大匙

肉桂粉　1小匙

（原味砂糖奶油酥粒）

低筋麵粉　50g

杏仁粉　25g

細白砂糖　50g

無鹽奶油　50g

作法

1　將梨子切為8等份去芯除皮。

2　於平底鍋中融化奶油與細白砂糖，煎煮梨子表面。

3　加入蘭姆酒煮乾水份後，撒上肉桂粉。移至耐熱容器中降溫。

4　製作砂糖奶油酥粒。將低筋麵粉、杏仁粉、細白砂糖混合均勻後，加入2cm丁狀的奶油以指尖壓捏，使其與粉類混合至大塊結塊消失。

5　將砂糖奶油酥粒撒在步驟3中煮好的梨子上方，以180℃烘烤20分鐘。

由於使用奶油融化細白砂糖，請注意不要煮焦，冷卻之後再撒上砂糖奶油酥粒。

PART 2
FOUR SEASON'S
BISCUITS

以司康與比司吉麵團製作
12 個月的烘烤點心

加上一些當季的水果；飾以鮮奶油；將司康與比司吉麵團
填餡或當外皮。簡單的司康與比司吉竟有如此多彩的變化。
隨著季節更迭享受不同樂趣。

以草莓奶油蛋糕為原型，製作司康夾心餅！

STRAWBERRY SHORTCAKE STYLE

奶油草莓蛋糕風司康

據說奶油草莓蛋糕是英國遠赴新大陸的拓荒者們，用圓麵包夾上草莓而創作出這樣的吃法。海綿蛋糕的製作比較困難，但若是使用司康重現這款經典風格，不僅簡單也十分華麗。

材料（6個份）

- 低筋麵粉　200g
- 玉米粉　1大匙
- 泡打粉　2小匙
- 細白砂糖　40g
- 粗鹽　¼小匙

無鹽奶油　80g

- 雞蛋　1個
- 乳脂肪42%鮮奶油　適量
- （與雞蛋混合後共計80cc）
- 香草油　¼小匙

{ 打發用鮮奶油 }

乳脂肪42%鮮奶油　200cc

細白砂糖　1大匙

蘭姆酒　½小匙

香草油　2~3小滴

香草籽（如果有的話）少許

草莓　適量

糖粉　適量

作法

1　先將雞蛋、鮮奶油、香草油混合備用

2　將粉類材料與奶油放入缽盆中，以原味雞蛋司康步驟1~4相同方法操作，（請參考P25），一口氣加入1。

3　麵團成團移至撒有手粉（份量外）的桌面，揉至表面平滑為止。

4　以手將麵團整形成12×24cm 左右的長方形，以刀子切成6個等腰三角形。

5　預留間隔置於鋪有烘焙紙的烤盤上。以刷子刷上鮮奶油（份量外）以180℃烤18分鐘烘烤至上色即可。

6　將打發用鮮奶油的所有材料置於缽盆中，確實的打至9分發。草莓去蒂對半切。

7　烤好的司康完全冷卻後，以麵包刀從側面對半剖開。

8　切好之後於切面擠上鮮奶油，放上草莓後再擠上些許鮮奶油做成三明治狀。最後篩上糖粉裝飾。

♡　葡萄柚蛋糕司康（P62）與聖誕砂糖奶油酥粒司康（P72）與此配方相同。做成圓形或是放入圈形模型中，就產生不同的樣貌。

7

8

在置於鮮奶油上的草莓表面再多擠上一層鮮奶油，讓覆蓋的司康更容易與主體黏合變成三明治。

酥脆的砂糖奶油酥粒與甜蜜的櫻桃美式蛋糕

DARK CHERRY CAKES

黑櫻桃蛋糕

配方中添加了少許全麥粉，替成品加入些許樸質風味的絕妙配方。使用與多汁水果非常對味的砂糖奶油酥粒，內餡加了大量的黑櫻桃。是一款令人歡喜的豪邁美式蛋糕。

材料（22cm塔模1個份）

- 低筋麵粉　200g
- 全麥粉　20g
- 泡打粉　2小匙
- 細白砂糖　40g
- 粗鹽　¼小匙

無鹽奶油　80g

- 雞蛋　1個
- 乳脂肪35%鮮奶油　適量
  （與雞蛋混合後共計80cc）

黑櫻桃（罐頭）淨重　400g

- 玉米粉　1大匙
- 細白砂糖　2大匙
- 檸檬汁　1小匙

{砂糖奶油酥粒}

低筋麵粉　20g

杏仁粉　10g

細白砂糖　20g

無鹽奶油　20g

作法

1　製作原味砂糖奶油酥粒。將低筋麵粉、杏仁粉、細白砂糖混合均勻後，加入2cm丁狀的奶油，以指尖壓捏使其與粉類混合至大塊結塊消失。置於冷藏室內冰鎮備用。

2　塔模抹上薄薄一層奶油（份量外），均勻地施以一層麵粉（份量外）。將瀝去汁液的黑櫻桃與玉米粉、細白砂糖、檸檬汁混合均勻。

3　參考原味雞蛋司康的作法，將粉類材料與奶油充分混合之後，一口氣加入事先調勻的雞蛋與鮮奶油混合液，作出麵團。（參考P25）。

4　以擀麵棍將麵團擀成比塔模略大一圈的圓形塔皮。

5　使用擀麵棍將塔皮捲起置於塔模上，並且將塔皮置於塔模內鋪好。

6　將步驟2的黑櫻桃連同液體倒入塔模中，把多餘的塔皮朝內反摺。

7　於中央均勻撒上冰鎮過的砂糖奶油酥粒，以180℃烘烤25分鐘。

罐頭黑櫻桃水份較多，加入玉米粉可略略產生稠度，味道會更好。

2

在色彩豐富的材料中撒上大量的起司

PIZZA STYLE
BISCUITS

披薩風比司吉

在麵皮上放點蔬菜起司烤一烤，適合作為正餐的披薩風比司吉。配料隨心隨喜皆好，特別是新鮮的水果番茄更是合拍。如果沒有方形的烤盤，如同普通的披薩一般做成圓的也不錯。

材料（20cm正方烤盤1個份）

- 低筋麵粉　220g
- 泡打粉　3小匙
- 細白砂糖　1小匙
- 粗鹽　¼小匙

無鹽奶油　100g

乳脂肪35%鮮奶油　100cc

{ 配料 }

洋蔥　¼個

洋菇　4個

義大利培根（Pancetta）　50g

水果番茄　小2個

甜椒（黃）　½個

披薩用起司　100g

作法

1　製作與鮮奶油司康相同的麵團（請參考P37～38）。

2　於烘焙紙上配合烤盤大小擀薄麵團。將擀平的麵皮連同烘焙紙放入烤盤中，烘焙紙預留高過烤盤的四個角落。

3　將配料切成一口大小置於步驟2上，再撒上披薩用起司。

4　以180℃烘烤25分鐘。

♥　作為披薩皮的麵團，使用原味鮮奶油司康1次份量的麵團。配料選擇自己喜歡的食材，推薦採用容易煮熟的材料。

配料所使用的材料可依個人喜好調整。在製作麵團前，事先把所有材料洗好切妥備用。

多汁的季節黃桃佐以敲碎的司康一同享用！

YELLOW PEACH POT BISCUITS

黃桃盅司康

甜香溫潤的黃桃，鮮美滋味是夏季限定的奢華食譜。
敲碎熱騰騰如同派皮般司康餅蓋的那一瞬間，散發出
混合著利口酒酸甜的香氣，令人忍不住食指大動。

材料（直徑10cm烤盅2個份）

- 低筋麵粉　100g
- 玉米粉　10g
- 泡打粉　1小匙
- 細白砂糖　1大匙
- 粗鹽　¼小匙

無鹽奶油　30g

乳脂肪35%鮮奶油　50cc

黃桃　2個

- 檸檬汁　2小匙
- 細白砂糖　2大匙
- 馬莎拉酒（Marsala）　2大匙

作法

1 將黃桃去皮切成3cm塊狀，加上檸檬汁、細白砂糖、馬莎拉酒混合均勻。

2 粉類材料少量分次放入食物調理機中攪拌，再分次加入2cm丁狀大小的奶油攪拌。

3 在整體快變成黃色之前加入鮮奶油，少量地攪拌。

4 移至缽盆中，以手大略混合成團。

5 移至撒有手粉的桌面上，分成2份，以擀麵棍擀成厚度約為7mm的圓形。

6 將步驟1裝滿烤盅後覆蓋上步驟5，以刷子塗上鮮奶油（份量外）。

7 以180℃的烤箱，烘烤15分鐘至上色。

♥ 以食物調理機製作口感會比較酥脆，當然以手工製作也可以。

推薦將黃桃切得大塊一些，這樣口感會比較好。如果沒有馬莎拉酒的話可以使用其他甜酒代替。 **1**

粉類分量不多，所以可以使用食物調理機混合十分方便。請視情況少量攪拌。 **2**

5 **6**

香滑濃稠的卡士達醬是關鍵!

GRAPEFRUIT BISCUITS CAKES

葡萄柚蛋糕司康

與奶油草莓蛋糕風司康使用相同麵團配方,烤成一個大的司康。在司康中間夾上卡士達醬與葡萄柚,用來招待客人傳達滿滿的心意。夾上柳橙也十分清新可口。

材料(直徑18cm1個份)

- 低筋麵粉　200g
  玉米粉　1大匙
  泡打粉　2小匙
  細白砂糖　40g
- 粗鹽　¼小匙

無鹽奶油　80g

- 雞蛋　1個
  乳脂肪42%鮮奶油　適量
  　(與雞蛋混合後共計80cc)
- 香草油　¼小匙

糖粉　適量

{ 卡士達醬 }

蛋黃　2個	香草豆莢　½根
細白砂糖　45g	無鹽奶油　10g
玉米粉　15g	
牛奶　250cc	葡萄柚(白肉)　1個

作法

1 製作卡士達醬。將玉米粉與細白砂糖混合均勻後加入蛋黃仔細拌勻。

2 加入準備好的常溫牛奶攪拌均勻,以篩子過濾後移至鍋子中。

3 香草豆莢挖出籽後連莢帶籽加入鍋內,以小火加熱並細心以橡皮刮刀攪拌注意不要燒焦,煮至濃稠。

4 熄火後加入奶油拌勻。

5 將煮好的卡士達醬移至缽盆中,保鮮膜直接緊貼覆蓋在表面避免結皮硬化,靜置待涼。

6 製作與奶油草莓蛋糕風司康相同的麵團(P54)。

7 麵團成團後整形成厚度4~5cm扁圓形。

8 將整型好的麵團置於鋪有烘焙紙的烤盤上,以刷子刷上牛奶(份量外)後撒上大量糖粉。

9 以180℃烤25分鐘烘烤至上色。

10 剝除葡萄柚外皮後,除去薄膜取瓣狀果肉,預留裝飾用8塊果肉,其餘切成一口大小加入卡士達醬混合均勻。

11 烤好的司康充分冷卻後使用麵包刀橫向剖開。

12 抹上步驟10中做好的卡士達醬,並且將裝飾用的葡萄柚果肉呈放射狀排放好。最後切成8等份享用。

♡ 卡士達醬較溼滑,切的時候請注意。也可以先將上方的司康切成8等份後再放上會比較好切。

使用玉米粉製作的卡士達醬比較不黏稠。做好之後務必立即於表面覆蓋上保鮮膜。

Decoration

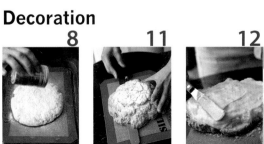

8   11   12   12

以番茄汁製造微微的淡紅色，披薩的滋味

TOMATO & PARMESAN CHEESE
BISCUITS

番茄帕梅善起司比司吉

將置於披薩上方的番茄、香料、起司等材料混入麵團中，做成披薩風味的比司吉。最適合作為午餐或是輕食享用，材料中的番茄汁也可以用胡蘿蔔汁取代稍作變化。

材料（直徑18cm 1個份）

- 低筋麵粉　150g
- 全麥粉　50g
- 泡打粉　4小匙
- 細白砂糖　1大匙
- 粗鹽　¼小匙

帕梅善起司　20g

無鹽奶油　60g

番茄汁（無鹽）　100g

奧勒岡（oregano）　½小匙

裝飾用帕梅善起司、奧勒岡　各適量

作法

1　將過篩好的粉類材料與帕梅善起司、奶油置於缽盆中，以製作與原味牛奶比司吉步驟1～2相同的麵團（請參考P10）。

2　將番茄汁一口氣全部加入材料中，湯匙沿著缽盆邊緣大動作的攪拌。麵團開始成團後，蘸取適量的手粉（份量外）揉麵至完成。

3　將麵團置於鋪有烘焙紙的烤盤上，以刀子於麵團上切出呈放射狀的8等份線條。

4　整體均勻的撒上裝飾用的帕梅善起司粉與奧勒岡。

5　以180℃烤25分鐘烘烤至上色即可。

奧勒岡在粉類與奶油充分混合後，加入水份（番茄汁）時再一起加入。一開始就加，奧勒岡會容易破碎產生怪味。

豪邁的包入一整顆蘋果

APPLE
BISCUITS

蘋果司康

以司康麵團包裹住一整顆蘋果，花時間將蘋果烤熟。保留了蘋果本身的爽脆，與蘋果派呈現迴然不同的口感。

材料（1個份）

```
┌ 低筋麵粉　110g
│  玉米粉　10g
│  泡打粉　1小匙
│  細白砂糖　25g
└ 粗鹽　1小撮
```

無鹽奶油　50g

```
┌ 雞蛋　½個
│  乳脂肪42％鮮奶油　適量
└ （雞蛋與牛奶混合後為50cc）
```

蘋果（小）　1個

```
┌ 肉桂粉　1小匙
│  細白砂糖　1大匙
└ 無鹽奶油　5g
```

塗抹於表面的雞蛋　½個

作法

1　蘋果一整顆去皮，除去芯與種籽僅留底部1cm左右厚度。

2　粉類材料少量分次放入食物調理機中攪拌，再分次加入2cm丁狀大小的奶油攪拌。

3　在整體快變成黃色之前，加入鮮奶油與雞蛋，少量地攪拌。

4　移至缽盆中，以手大略混合成團。

5　移至撒有手粉（份量外）的桌面上，配合蘋果的大小，以擀麵棍擀開麵團。

6　將奶油放入蘋果除去芯中空的部分，再加入混合好的肉桂粉與細白砂糖。

7　蘋果置於中央以擀開的麵皮將蘋果包妥，以刷子塗上蛋液。

8　先以180℃的烤箱，烘烤25分鐘後，調整溫度至170℃烤5分鐘左右至中央熟透。

♥　去除蘋果芯的時候，請於底部預留約1cm高度不要挖穿，麵團跑進蘋果芯的位置很容易烤不熟。

5

6

7

使用馬芬烤模愉快地烤出可愛的造型。

PUMPKIN
BISCUITS

南瓜司康

 內餡所使用的南瓜質地柔軟,所以在這並不使用模型壓切整形,而是將南瓜包入麵團中捲起後切開。再加上與蔬菜對味的帕梅善起司砂糖奶油酥粒。

材料(直徑7×高3cm的馬芬模型6個份)

- 低筋麵粉 220g
- 泡打粉 3小匙
- 紅糖 30g
- 粗鹽 ¼小匙

無鹽奶油 100g

- 雞蛋 1個
- 牛奶 適量
- (與雞蛋混合後為80cc)

南瓜 120g(淨重)

南瓜籽 5g

{帕梅善起司砂糖奶油酥粒}

低筋麵粉 20g

杏仁粉 10g

細白砂糖 20g

帕梅善起司 10g

無鹽奶油 20g

作法

1 製作帕梅善起司砂糖奶油酥粒。將低筋麵粉、杏仁粉、細白砂糖、帕梅善起司混合後,加入切成2cm丁狀的奶油以手捏壓,將所有材料混合均勻至大塊結塊消失,置於冷藏室中冷卻備用。

2 南瓜除去籽與囊,連皮以鋁箔紙包緊,以170℃烤箱烤30分鐘後,連皮切成1.5cm左右塊狀,放涼備用。

3 以原味雞蛋司康相同作法1～5,製作麵團。(參考P25～26)。

4 將麵團移至撒有手粉的桌面上,以擀麵棍擀成薄長形。

5 將步驟2的南瓜排放在擀開的麵團上約2/3的地方鋪滿。

6 以捲壽司的方式,將麵團捲成長條狀,一開始包緊一點,將內餡確實包妥捲起。兩端的麵團也以手捏緊包好,捲完之後收口的地方,也同樣的以手指捏緊包妥。

7 將收口朝下放置,以刀子俐落的切成6等份。

8 避免接觸到切口將切好的麵團移至烤模中。以刷子塗上牛奶(份量外)。將冷藏保存(若是以冷凍保存也可直接使用)的帕梅善起司砂糖奶油酥粒與南瓜籽依序放上。

9 以180℃的烤箱,烤18分鐘至上色。

♡ 南瓜烤過頭會太軟,烤30分鐘可以用刀尖戳得透的程度即可。

4 **5**

6 **7** **8**

寒冷天氣裡暖心的一餐，與濃湯一起享用

MUSHROOM STEW
BISCUITS

野菇濃湯比司吉

 將要做成蓋子的司康烤成膨膨的訣竅是，把預先做好的濃湯放涼後再使用，臨時趕時間，也可以利用罐裝濃湯，是一道很簡單就可以做好，方便好用的比司吉。

材料（2人份）

高筋麵粉	100g
玉米粉	10g
泡打粉	1小匙
細白砂糖	1大匙
粗鹽	¼小匙

無鹽奶油　30g

乳脂肪35%鮮奶油　50cc

【野菇濃湯】

培根　25g	鴻禧菇　85g
洋蔥　½個	杏鮑菇　100g

奶油　50g

低筋麵粉　2大匙

牛奶　300cc

粗鹽　½小匙

白胡椒（依照個人喜好）少許

作法

1　製作野菇濃湯。培根切碎，洋蔥切細，鴻禧菇去除底部後，以手剝成一小朵一小朵，杏鮑菇傘蓋部分切成薄片，其餘部位斜切。

2　於鍋中融化奶油，將培根、洋蔥炒香之後加入菇類材料繼續拌炒。

3　整體炒軟之後加入麵粉拌炒。

4　加入牛奶，從底部充分攪拌均勻，呈濃稠狀後加入鹽、胡椒調味。熄火後直接放涼。

5　與黃桃盅司康相同的作法（P60）製作出麵團。

6　移至缽盆中，以手大略混合成團。

7　移至撒有手粉的桌面上，分成2份，以擀麵棍配合濃湯盅的大小擀成圓形。

8　將步驟4裝入濃湯盅後覆蓋上步驟7的麵皮，以刷子塗上鮮奶油（份量外）。

9　以180℃的烤箱，烘烤15分鐘至上色。

♡　以高筋麵粉製作的麵團很扎實，比較容易放在濃湯盅上烤，烤過之後也不會往下塌陷。

4

特地將做好的濃湯放涼後使用。加入冰牛奶容易結塊，添加時請加入回復至室溫的牛奶。

8

加入大量果乾的司康圈

Xmas CRUMBLE
BISCUITS

聖誕砂糖奶油酥粒司康

烤成圈狀的司康淋上糖霜，就像是聖誕花圈上積雪的樣子。內餡不僅
包入果乾也包進砂糖奶油酥粒，充分享受酥脆的口感與香料的風味。

材料（直徑18cm圈狀烤模1個份）

低筋麵粉　200g
玉米粉　1小匙
泡打粉　2小匙
細白砂糖　40g
粗鹽　¼小匙

無鹽奶油　80g

雞蛋　1個
乳脂肪42%鮮奶油　適量
　（與雞蛋混合後共計80cc）
香草油　¼小匙

黑醋栗（currant）　25g
核桃　30g　　　櫻桃乾　50g
萊姆酒　1大匙

{香料砂糖奶油酥粒}

低筋麵粉　20g　　肉桂粉　½小匙
杏仁粉　10g　　　薑粉　½小匙
細白砂糖　20g　　無鹽奶油　20g

{香草糖霜}

糖粉　50g　　　水　1小匙
香草油　½小匙

作法

1　將蘭姆酒淋在櫻桃乾上靜置備用。

2　製作香料砂糖奶油酥粒。將低筋麵粉、杏仁粉、細白砂糖、肉桂粉、薑粉混合均勻後，加入切成2cm丁狀的奶油以手捏壓，將所有材料混合均勻至大塊結塊消失。（置於冷藏室中冷卻備用）。

3　製作與奶油草莓蛋糕風司康同樣的麵團（P54）。

4　將麵團移至撒有手粉（份量外）的桌面上，以擀麵棍擀成薄長形。

5　將冷藏保存（若是以冷凍保存也可直接使用）的香料砂糖奶油酥粒、以及步驟1中的櫻桃乾、黑醋栗等依序放上。核桃以刀切碎會出油，請以手剝碎加入。

6　以捲壽司的方式，將麵團捲成長條狀，一開始包緊一點將內餡確實包妥捲起。兩端的麵團也以手捏緊包好，捲完之後收口的地方也同樣的以手指捏緊包妥。

7　將收口朝下放置，以刀子俐落的切成8等份。

8　避免接觸到切口，將切好的麵團移至烤模中。以刷子塗上鮮奶油（份量外）。

9　以180℃的烤箱，烤25分鐘至上色。

10　混合糖粉、水、香草油做成糖霜。做好的糖霜放置一陣子後會變硬，所以請在使用前再製作。若是變硬的話以湯匙蘸水攪拌均勻。

11　烤好的司康冷卻後自烤模取出，以湯匙淋上糖霜。

♡　若要預先製作糖霜的話，為避免表面乾燥，請以保鮮膜緊密貼合後保存。充分攪拌後使用。

將切成8等分的麵團排放在圈型烤模內。烘烤的過程中麵團會黏在一起變成一個圈型。

8

一口大小的尺寸、爆漿的熱巧克力

CHOCOLATE CHUNK
BISCUITS

巧克力塊司康

就像chunk（塊）這個字面的意思一樣，切成大塊的巧克力是重點。不過如果切得太大塊又不方便脫模，烤好的時候也容易裂開。稍微奢侈一下使用調溫巧克力製作（Couverture chocolate）會使味道更濃郁。

材料（6個份）

　低筋麵粉　180g
　泡打粉　3小匙
　細白砂糖　50g
　粗鹽　¼小匙
可可粉　20g
無鹽奶油　80g
　牛奶　80cc
　香草油　少許
苦甜巧克力　100g
　　（bitter chocolate）

{可可砂糖奶油酥粒}
低筋麵粉　20g
杏仁粉　10g
細白砂糖　20g
可可粉　2小匙
無鹽奶油　20g
乳脂肪35%鮮奶油　1小匙

作法

1　製作可可砂糖奶油酥粒。將低筋麵粉、杏仁粉、細白砂糖、可可粉混合均勻後，加入切成2cm丁狀的奶油以手捏壓，將所有材料混合均勻至大塊結塊消失。置於冷藏室中冷卻備用。

2　將苦甜巧克力切成骰子狀。

3　將粉類材料與可可粉混合過篩。

4　奶油加入粉類材料中以指尖壓捏混合，加入事先混合好的牛奶與香草油後混合均勻。

5　成團後加入步驟2揉勻。

6　將麵團移至撒有手粉（份量外）的桌面，整形成厚度約2cm的扁圓形，以撒過手粉的心形模型切割。

7　拿取時避免觸摸切口，以手拿住上下兩端，整齊排放在烤盤上，以手往下輕壓。

8　以刷子塗上牛奶（份量外），擺上冷藏保存（若是以冷凍保存也可直接使用）的可可砂糖奶油酥粒。

9　以180℃的烤箱，烘烤18分鐘至上色。

♡　苦甜巧克力建議使用純度高的調溫巧克力。

3

可可粉請在一開始與粉類材料混合均勻後過篩，沒有西點專用篩網也沒關係，使用一般廚房用篩網即可。

5

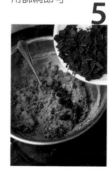

8

2

巧克力大約切成2cm大小的塊狀，以刀直向橫向切塊，不要切得太大也不要切得太小，大小拿捏很重要。

成熟焦糖風味 A.R.I. 的自信之作

CARAMEL
BISCUITS

焦糖司康

 司康做順手之後最希望大家嘗試的就是這個。製作內餡的焦糖醬、捲好、切塊、放入馬芬 muffin 烤模中，集本書所介紹司康之大成。略帶苦味的焦糖令人上癮。

材料（直徑 7×高 3cm 的
　　　馬芬模型 6 個份）

低筋麵粉　220g
泡打粉　3 小匙
細白砂糖　30g
粗鹽　¼ 小匙

無鹽奶油　80g

焦糖醬 25g（參考下述）
牛奶　適量
（與焦糖醬混合後共計 80cc）

{ 焦糖醬 50g 所需材料 }

細白砂糖　40g

水　2 大匙

香草豆莢　1.5~2cm

乳脂肪 35% 鮮奶油　2 大匙
（做好的 50g 焦糖，25g 加入
麵團中，25g 作為內餡）

作法

1 製作焦糖醬。以中火加熱平底鍋，放入細白砂糖、水、香草豆莢加熱。不要攪拌也不要晃動鍋子，以中火加熱至糖煮成咖啡色。

2 鍋中材料顏色轉為咖啡色後，加入鮮奶油混合均勻。

3 轉為焦糖醬狀後熄火，趁熱分成各 25g。

4 將牛奶加入麵團所使用的 25g 焦糖漿中，加至共計 80cc。

5 粉類材料與奶油以指尖混合至結塊消失，粉類材料鬆散的狀態後加入步驟 4 以手揉捏。

6 將麵團移至撒有手粉（份量外）的桌面上，以擀麵棍擀薄成長方形。

7 將剩下的 25g 焦糖漿以抹刀抹在擀開的麵團上約 2/3 的地方。

8 以捲壽司的方式，將麵團捲成長條狀，一開始包緊一點將內餡確實包妥捲起。兩端的麵團也以手捏緊包好，捲完之後收口的地方也同樣的以手指捏緊包妥。

9 將收口朝下放置，以刀子俐落的切成 6 等份。

10 避免接觸到切口將切好的麵團移至烤模中。以刷子塗上牛奶（份量外）。

11 以 180℃ 的烤箱，烤 25 分鐘至上色。

♡ 製作焦糖醬時請勿攪拌，直到鍋中散發出焦香味為止。這是為了避免砂糖結晶化產生（砂糖變白變硬，便無法順利變成焦糖）的重點。

♡ 包裝用的防油紙裁切成 12cm 見方為恰好的尺寸。

製作出美味烘烤點心－
日本人氣名店 A.R.I 的祕訣

關於道具

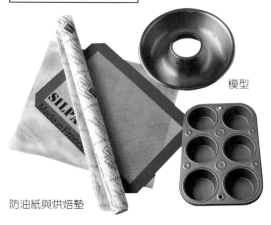

模型

防油紙與烘焙墊

在店裡每天要烤出大量的點心，為此我所使用的並非單次性的烘焙紙，而是可以反覆使用的烘焙墊。這次使用的「silpat」是矽膠製品也可以使用洗碗機洗滌，十分方便，亦有助於上色平均不易烤焦。

在食譜中，較常將麵團整形為便於食用的大小，或是以小的圓形切割模整形，或是以刀切，使用馬芬烤模muffin tin較為新奇。以大型的模型烘烤，可以做成蛋糕型的司康或比司吉，成為招待客人或是慶祝時的點心。請嘗試在司康或比司吉上加點裝飾，或是切好之後以防油紙精心包裝，享受各種變化帶來的樂趣。

關於烤箱

點心所需的烘焙時間，會依照你所使用的烤箱熱源－電力或是瓦斯，在烤箱中熱傳導的程度，與每台烤箱的特性多少有些許不同。一開始製作時，食譜中所標記的時間僅供參考，請在出爐前邊觀察上色程度稍作增減。觀察時並非隔著烤箱門觀望，小心地避免溫度下降，將烤盤自烤箱中迅速取出，在還不習慣之前可以先以目測觀察。特別是烘烤形狀較大的點心，有時就算表面上色裡面也還沒烤透，為了避免表面烤焦，請降溫延長時間烘烤。

豐富變化的材料

紅糖　　　　全麥粉　　　粗粒玉米粉

構成司康或比司吉，僅有粉類、砂糖、鹽、奶油等極其樸素的基本材料，加進增添風味與口感的食材，味道就會隨之改變。

紅糖（brown sugar）是指尚未精製帶有顏色的砂糖。富含原料甘蔗特有，濃郁溫和且甘甜的風味為其特徵。全麥粉是指以一整粒小麥所製成，富含礦物質，與果乾、堅果類十分搭。粗粒玉米粉（cornmeal）是以玉米乳胚壓碎製成，常見添加於英式馬芬中。配合添加的餡料與水份的多寡，適當使用這些材料。

基本的材料

雞蛋　　　　鮮奶油　　　泡打粉

使用雞蛋的配方中，所有的雞蛋均為L尺寸。雞蛋與牛奶，雞蛋與鮮奶油「合計〇〇cc」時以雞蛋為基準，再加入牛奶與鮮奶油。司康或比司吉烘烤前表面塗抹的材料，配方中使用牛奶時則刷上牛奶，使用鮮奶油時則刷上鮮奶油。使用剩下的材料無須另外準備更為輕鬆。只有在希望表面烤出光澤時，才刷上蛋液。

乳脂肪含量35%的鮮奶油為基本材料，想要比較濃郁風味時，則使用乳脂肪含量為42%的鮮奶油，請比較兩者之間對成品味道上的差異。

泡打粉（baking powder）請使用新鮮的，在一般超市可以買到的即可。

Joy Cooking

司康&比司吉Scones & Biscuits：日本人氣名店A.R.I的獨家配方大公開！

作者 森岡梨

翻譯 許孟菡

出版者／出版菊文化事業有限公司 P.C. Publishing Co.

發行人 趙天德

總編輯 車東蔚

文案編輯 編輯部 美術編輯 R.C. Work Shop

台北市雨聲街77號1樓

TEL：(02)2838-7996　　FAX：(02)2836-0028

法律顧問 劉陽明律師 名陽法律事務所

改版一刷日期 2020年7月

定價 新台幣320元

ISBN-13：9789866210723　書 號 J139

讀者專線 (02)2836-0069

www.ecook.com.tw

E-mail service@ecook.com.tw

劃撥帳號 19260956 大境文化事業有限公司

請連結至以下表
單填寫讀者回
函，將不定期的
收到優惠通知。

A.R.I. NO BISCUIT－12KAGETSU NO YAKIGASHI RECIPE
© ARI MORIOKA 2009
Originally published in Japan in 2009 by SHUFU TO SEIKATSU SHA CO., LTD.
Chinese translation rights arranged through TOHAN CORPORATION, TOKYO.

司康&比司吉Scones & Biscuits：日本人氣名店A.R.I的獨家配方大公開！
森岡梨 著 改版一刷 臺北市：出版菊文化，
2020 80面；19×26公分----(Joy Cooking系列；139)
ISBN-13：9789866210723
1.點心食譜 427.16 109009059

美術設計 高市美佳
採訪 新田惠子
攝影 野口健志
美術構成 大沢早苗
印刷排版 岩倉邦一（DNP設計）
製作 木村美慶・佐藤 遊
校閱 滄流杜
編輯 山崎幸子